湖北省社会公益出版专项资金资助项目

探索地球演化奥秘科普系列丛书

地球的来龙去脉

DIQIU DE LAILONG-QUMAI

徐世球 编著

中国地质大学出版社
ZHONGGUO DIZHI DAXUE CHUBANSHE

图书在版编目（CIP）数据

地球的来龙去脉/徐世球编著.—武汉：中国地质大学出版社，2019.7
（探索地球演化奥秘科普系列丛书）
ISBN 978-7-5625-4595-8

Ⅰ.①地…

Ⅱ.①徐…

Ⅲ.①地球演化-普及读物

Ⅳ.①P311-49

中国版本图书馆CIP数据核字（2019）第151233号

地球的来龙去脉			徐世球　编著
责任编辑：唐然坤　谢媛华		选题策划：唐然坤	责任校对：徐蕾蕾
出版发行：	中国地质大学出版社（武汉市洪山区鲁磨路388号）		邮政编码：430074
电　话：	（027）67883511　　传真：（027）67883580		E-mail:cbb@cug.edu.cn
经　销：	全国新华书店		http://cugp.cug.edu.cn
开本：880毫米×1230毫米		1/32	字数：101千字　印张：3.5
版次：2019年7月第1版			印次：2019年7月第1次印刷
印刷：武汉中远印务有限公司			
ISBN 978-7-5625-4595-8			定价：29.80元

如有印装质量问题请与印刷厂联系调换

　　科技创新和科学普及是实现创新发展的两翼。一个民族的科学素质关系到科技创新、社会和谐、社会共识、科学决策和人民健康水平。基于此，我国在"十三五"期间把"科技强国""科普中国"作为科学文化发展的重要目标。正是在这样的背景下，《探索地球演化奥秘科普系列丛书（4册）》应运而生。

　　《探索地球演化奥秘科普系列丛书（4册）》旨在积极响应国家的科普发展政策，通过对地球、生命、海洋等方面的演化探索，加强大众对地球演化史的认知，强调保护人类生存和发展所需要的自然资源理念，从而保护地球，正确地贯彻可持续发展理念，实现人与地球和谐发展。

　　该丛书是徐世球教授基于多年的科普讲座进行编写汇总的，为多年来科普成果的凝聚与智慧的结晶。该丛书包括4册，分别为《地球的来龙去脉》《地球生命的起源与进化》《蓝色海洋的变迁》和特别篇《穿越恐龙时代》。该丛书以"地球→海洋→生命→特殊物种恐龙"为主线，由整体到局部，由宏观到微观介绍了地球是如何形成的，海洋是怎样变迁的，生命是怎样起源的，特殊物种恐龙又是怎样灭绝的。

　　《地球的来龙去脉》主要介绍了地球的起源、自然资源、地质灾害、特殊的地球风貌，以及当前全球瞩目的"人与地球未来"的可持续发展研究。

　　《蓝色海洋的变迁》分述了海洋的神奇、海洋的起源、海洋的演化、海洋的宝贵资源和海洋保护5个方面，强调了海洋特别是深海作为战略空间和战略资源在国家安全和发展中的战略地位。

　　《地球生命的起源与进化》以地球的生命演化为主线，主要介绍了生命的起源→生命的进化→人类的进化→人类与生物圈。通过介绍丰富多彩的生命演化史，强调了生物多样性的重要性和意义。

《穿越恐龙时代》分别从恐龙家族的揭秘、恐龙的前世今生、特殊的恐龙、恐龙化石以及恐龙灭绝原因的猜想5个方面展开了对恐龙从诞生到灭绝的讲述，旨在向青少年科普恐龙的知识，了解物种的珍贵性。

《探索地球演化奥秘科普系列丛书（4册）》以"地球＋海洋＋生物"三位一体的方式，用通俗易懂的语言详细、系统、生动地讲述了地球演化的历史故事，具有以下鲜明的特点。

（1）框架完整，科普性强。该丛书内容涉及物种、资源、环境、灾害等方面，为一套针对地球演化知识普及的套系图书。

（2）内容丰富，可读性强。该丛书以地球、海洋、生命演化为多个切入点，重点阐述了地球演化的内容，通过地球演化史来强调人类发展与地球和谐相处的重要性，通俗易懂。

（3）符合科普发展战略，社会文化意义重大。该丛书的出版，顺应了国家科普发展战略的总体要求，具有服务社会的意义。

（4）受众面广，价值巨大。该丛书集地学科普、文化宣传于一体，适合非地学专业人士阅读，读者面广。

《探索地球演化奥秘科普系列丛书（4册）》是符合当前国家"科普中国"倡议的科普丛书，目前为"湖北省社会公益出版专项资金资助项目"。从项目伊始到出版，湖北省社会公益出版基金管理办公室、中国地质大学（武汉）、中国地质大学出版社各级领导以及相关审稿专家给予了大量的帮助和支持，在此我们一并表示诚挚的谢意。

编者在创作过程中海量地借鉴了图书、期刊、网络中的信息、图片、文字等资料，针对一些科学界仍有争议的论点或论断，尽量做到博众家之所长，集群英之荟萃，采纳主流思想，兼顾最新研究前沿。同时，由于编者知识水平有限，书中难免有不当和疏漏之处，希望广大读者尤其是地球科学领域的专家学者能够谅解，并不吝赐教，我们将虚心受教，不断改进。

CONTENTS 目录

1 揭开地球的面纱 ········· 01

1.1 宇宙的前世今生 ············ 04
1.2 宇宙的"家族成员" ············ 13
1.3 认识地球 ················ 18

2 地球的物质世界 ········· 31

2.1 地球的细胞——元素 ········· 32
2.2 元素的集合——矿物 ········· 32
2.3 矿物的集合——岩石 ········· 33
2.4 矿产资源 ················ 38

3 永不安稳的大地 ················ 47

- 3.1 大陆漂移 ················ 48
- 3.2 地幔对流 ················ 50
- 3.3 海底扩张 ················ 51
- 3.4 板块构造 ················ 53
- 3.5 地壳运动的痕迹 ········· 54

4 大自然的雕塑家 ·············· 65

- 4.1 分崩离析——岩石的风化 ······ 66
- 4.2 飞沙走石——风的威力 ········ 68
- 4.3 移山填海——地面流水的力量 ··· 70
- 4.4 滴水穿石——地下水的神功 ···· 72
- 4.5 开谷移山——冰川的能量 ······ 75

5 人与地球的未来 ·················· 81

5.1 学会敬畏地球 ················ 82

5.2 探索地球系统科学 ················ 91

5.3 地球的宿命 ················ 93

5.4 坚持可持续发展之路 ············· 95

1 揭开地球的面纱

我们的地球是怎么诞生的?
地球与宇宙有着怎样的关系?
为什么目前仅发现地球上有生命存在?
地球上最早的生命又是怎么来的?

由于宇宙中天体间的距离都非常遥远，我们一般使用光年来计量天体间的距离。光线以不可思议的每秒30万千米的速度在传播，但即使是以这样的超速，光线从太阳到达地球也需要整整8分钟的时间。离太阳最近的一些恒星发出的光线则要经历更多光年才能到达地球。

宇宙充满无穷的奥秘,它的广袤超乎人们的想象,它的大小和年龄令人瞠目结舌。我们在认识地球之前,先来认识宇宙。

1.1 宇宙的前世今生

宇宙在学术上的解释是由空间、时间、物质和能量构成的统一体,它是一切空间和时间的综合。根据大爆炸宇宙模型推算,宇宙的年龄大约有147亿年。

▲浩瀚无垠的宇宙

◎ "宇宙"一词的由来

世界上最早把空间和时间统一为宇宙的是我国春秋战国时期的文子和尸子。

"往古来今谓之宙,四方上下谓之宇。"

——《文子·自然》

"上下四方曰宇,往古来今曰宙。"

——《尸子》

宇宙二字连用始见于《庄子·齐物论》:"旁日月,挟宇宙,为其吻合。"

可见,中国古代的先人们在创造宇宙这个词汇的时候,就已经开始把时间和空间统一看待了。20世纪以来,西方学者们根据现代物理学和天文学,建立了宇宙的现代科学理论,称为宇宙学。

1 揭开地球的面纱

◎ 人类对宇宙的探索

中国西周时期，人们提出早期的盖天说，认为天穹像一口锅，倒扣在平坦的大地上。

公元前7世纪，巴比伦人认为，天和地都是拱形的，大地被海洋环绕，而其中央则是高山；古埃及人认为，宇宙是以天为盒盖、地为盒底的大盒子，大地的中央是尼罗河；古印度人认为，圆盘形的大地是覆在几只大象上的，而大象站在巨大的龟背上。

公元前7世纪末，古希腊的泰勒斯认为，大地是浮在水面上的巨大圆盘，上面笼罩着拱形的天穹。古希腊人最早认识到了地球是球形的。

公元前6世纪，毕达哥拉斯从美学角度出发，分析主张天体和大地都是球形的。这一理论直到1519—1522年才终于被葡萄牙航海家麦哲伦证实。

▶ 麦哲伦

▲ 麦哲伦航海路线示意图

地球的来龙去脉

▲托勒密　　▲地心说示意图

公元 2 世纪，托勒密提出了一个完整的地心说，认为地球在宇宙的中央安然不动，月亮、太阳和诸行星以及最外层的恒星都在以不同的速度绕着地球旋转。

16 世纪，哥白尼建立日心说，认为太阳是宇宙的中心，而不是地球，且多个行星围绕太阳做圆形运动。从此，人们认识到了地球是绕太阳公转的行星之一。

▲哥白尼　　▲日心说示意图

1609 年，开普勒揭示了地球和诸行星都在椭圆轨道上绕太阳公转，发展了哥白尼的日心说。同年，伽利略率先用望远镜观测天空，证实了日心说的正确性。

▲开普勒　　▲伽利略正在使用望远镜

1687 年，牛顿提出了万有引力定律，使日心说有了牢固的力学基础。在这以后，人们逐渐建立起了科学的太阳系概念。

1 揭开地球的面纱

▲牛顿

日心说证明了地球是围绕太阳旋转的,比地心说具有进步性,但从人类当前的天文学研究进展来看,日心说本身也具有局限性。

日心说的局限性现体在:

①太阳是太阳系的中心,并非宇宙的中心;

②地球不是引力的中心;

③天空中看到的任何运动,不全是由地球运动引起的;

④地球和其他行星的运行轨道是椭圆形而不是圆形,不做圆周运动。

因为这些局限性,日心说也只能算是学说,较地心说相对进步一些。因为它证明了地球是围绕太阳进行公转的,引起了人类对宇宙的认识的巨大思想变革。

▲牛顿和苹果树

科普小课堂——地心说VS日心说

地心说,又名天动说。它的起源时间很早,最初由米利都学派形成初步的理念,之后由古希腊学者欧多克斯提出,再经亚里士多德完善,最后由托勒密进一步发展成为了地心说。地心说认为,地球位于宇宙的中心,是静止不动的,而其他的星球都环绕着地球运行,人类则住在半球形的世界中心。

地心说是世界上第一个行星体系模型,曾有很长一段时间为古代教会信仰和公认的学说,在日心说创立之前的1300年中,一直占据统治地位。尽管地心说把地球当作宇宙中心是错误的,然而它的历史功绩不能被抹杀。

日心说,又名地动说。完整的日心说是哥白尼在1543年发表的《天体运行论》中提出的。它是与地心说相对立的学说,认为太阳是宇宙的中心,而不是地球。日心说打破了长期以来居于宗教统治地位的地心说,实现了天文学的根本变革,这是唯物主义和唯心主义斗争的伟大胜利。

日心说的主要观点有:①地球是球形的;②地球在运动,并且每24小时自转一周;③太阳是不动的,而且在宇宙中心,地球以及其他行星都一起围绕太阳做圆周运动,只有月亮围绕地球运行。

1 揭开地球的面纱

人类从未停止过对宇宙的探索。在漫长的探索道路上,伟大的先驱者们创造了各种让人叹为观止的发明。

我国西汉的天文学家落下闳开创了浑天说,研制了浑仪和浑象,而东汉天文学家张衡在此基础上改进制作的漏水转浑天仪(简称浑天仪),是有明确历史记载的世界上第一架用水力发动的天文仪器。它对中国后来的天文仪器创造影响深远,唐宋以来就在它的基础上发展出更复杂、更完善的天象仪和天文钟。

▲浑天仪

1990年4月24日,以美国著名天文学家爱德文·哈勃命名的哈勃空间望远镜被"发现者号"航天飞机送上轨道。它在轨道上环绕地球运行,能够清楚地观测到16 000千米处地球上的一只萤火虫。

2013年12月15日,"嫦娥三号"探测器携"玉兔号"月球车首次实现月球软着陆和月表巡视勘察,并开展月表形貌与地质构造等科学探测。

▲哈勃空间望远镜

▲"玉兔号"月球车

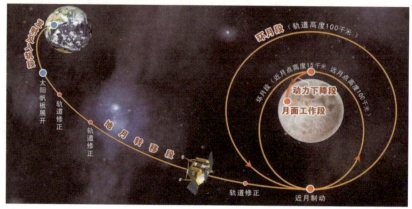

▲ "嫦娥三号"探测器飞行轨道图

  2016年9月25日，世界上第一大单口径射电望远镜在我国贵州省平塘县落成启用。该射电望远镜为500米口径球面射电望远镜，简称FAST，被誉为"中国天眼"。FAST与号称"地面最大的机器"的德国波恩100米望远镜相比，灵敏度提高了约10倍；与排在阿波罗登月之前、被评为"人类20世纪十大工程"之首的美国Arecibo 300米望远镜相比，其综合性能提高了约10倍。FAST将在未来20～30年保持世界一流设备的地位。

▲ FAST鸟瞰图

1 揭开地球的面纱

2017年9月15日,由美国和意大利联合研制的"卡西尼号"太空探测器在土星的怀抱中自行焚毁,结束其荣耀的一生。"卡西尼号"太空探测器于1997年10月15日发射升空,经过6年8个月终于在2004年7月1日顺利进入土星轨道。它代替了人类的眼睛,无数次近距离观测土星,拍摄的39万张照片为人类了解土星做出了巨大的贡献。它提供的土星与周围太阳系行星的叠合照,更让世人震撼,如果说人类能拿肉眼俯瞰半个星系的话,这些照片就和我们看到的景象别无二致。

▲ "卡西尼号"拍摄的土卫三"特提斯"与土卫六"泰坦"(土卫六是土星最大的卫星,图中土卫三在土卫六后出现)

▲ "卡西尼号"

2019年2月14日,美国国家航空航天局(NASA)宣布,计划耗资2.42亿美元(不包括发射成本)于2023年发射一个新探测器,用以绘制更清晰的宇宙地图,并探索宇宙进化及银河系行星系统的生命元素情况。新探测器全称为"研究宇宙历史和再电离时期的光谱光度计和冰探测器"(SPHEREx)。这个新探测器将使用改编自地球卫星和火星太空船的技术,每6个月巡视全天,用96个色带绘制远超此前解析度的全天图谱。这个计划将收集超过3亿个星系以及银河系中超过1亿颗恒星的数据,并寻找水和有机分子,搜索银河系诞生新恒星的"育儿所"区域以及恒星周围可能形成新行星的盘状带。NASA科学任务理事会副主任托马斯·佐伯琴说:"这项令人惊叹的任务将成为天文学家独特的数据宝库。它将提供一个前所未有的银河地图,其中包含宇宙历史最初时刻的'指纹'。我们将获得科学中最伟大的奥秘之一——让宇宙在大爆炸之后不到一纳秒(一秒的十亿分之一)内迅速膨胀的新线索。"

NASA的"天体物理探索者计划"早在2016年9月就已为新任务提交了提案。"探索者计划"是NASA最古老的连续性计划,旨在频繁、低成本地进行太空访问。从1958年的"探索者1号"人造地球卫星开始,该计划已启动了90多项任务。其中的"宇宙背景探索者"卫星于1989年发射升空,获得了一项诺贝尔奖。

▲宇宙(来源于视觉中国网)

1 揭开地球的面纱

 宇宙的"家族成员"

当代天文学的研究成果表明,宇宙是有层次结构、不断膨胀、物质形态多样、不断运动发展的天体系统。下面我们来认识一下宇宙的"家族成员"。

组成宇宙的基本单元是星系,几十亿个神秘的星系构成了宇宙。大多数已知的星系均可划归为两大类型:旋涡星系和椭圆星系。旋涡星系无论在形态结构上还是在恒星成分上与椭圆星系都有很大的不同。

旋涡星系从正面来看,它的形状像旋涡;从侧面来看,它的形状便呈梭状;它的对称面附近含有大量的弥漫物质。旋涡星系是观测到的数量最多、外形最美丽的一类星系,因形状很像江河中的旋涡而得名。星空中约70%的亮星,包括银河系在内都是旋涡星系。

▲ 旋涡星系

椭圆星系外形呈圆球形或椭球形，中心区域最亮，边缘逐渐变暗。椭圆星系没有或仅有少量气体和尘埃，星系内的恒星运动

▲ 椭圆星系

以不规则的运动为主，不同于旋涡星系的以自转运动为主。并且，椭圆星系的恒星多是年老的，属于第二星族的恒星，尤其是较大的椭圆星系，都有以老年恒星为主的球状星团，所以椭圆星系被称为"老人国星系"。

◎ **我们的星系——银河系**

银河系（又称天河或天汉）由约2000亿颗恒星组成，直径达到10万光年。它包括了1000亿～4000亿颗恒星与大量的星团、星云，以及各种类型的星际气体和星际尘埃，可见物质总质量约是太阳质量的1400亿倍。我们所在的太阳系就是属于银河系的一个星系，一个银河系中能装得下几千亿个像太阳系这样的星系。

▲ 太阳系在银河系的位置

1 揭开地球的面纱

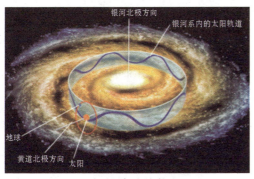

▲银河系的结构

◎ 貌似温柔的星系——太阳系

太阳系由太阳和所有受到太阳引力约束的天体组成。这些天体包括水星、金星、地球、火星、木星、土星、天王星、海王星8颗行星（目前冥王星已被剔除）、至少165颗已知的卫星，以及以数以亿计的小行星、柯伊伯带的天体、彗星和星际尘埃等。

▲太阳系中天体运行

◎ **充满活力的行星——地球**

我们赖以生存的地球是太阳系的八大行星之一，是离太阳第三远的星球，前有金星，后有火星。地球与太阳的距离为1.5亿千米，是目前人类发现的星球中，唯一具有水、空气和生命的星球。

1.5亿千米

水星

金星

地球

火星

木星

土星　　　　　天王星　　　　　海王星

地球作为太阳系目前所知唯一一个适合生物生存的星球，可说是万事俱备，天赐良机。在这个绕膝承欢的大家族里面，地球有着得天独厚的条件。

优越家庭——银河系；

理想摇篮——太阳系；

最佳状况——位置、质量和运动状态；

友好邻居——太阳系行星；

亲密伙伴——月球。

1.3 认识地球

地球是一位45.5亿岁的"年轻母亲",她风光无限,她奥秘无穷。从太空中看地球,她像一个附着一层白纱的蓝色水晶球,深邃而又神秘。让我们走近地球,一起感受地球的演化之旅。

▲欲穷千里目,更上一层楼——从太空看地球

▼中国地质大学(武汉)逸夫博物馆的磁悬浮地球

1 揭开地球的面纱

◎ **地球是怎么诞生的？**

地球最早可能是由很多大小不一的星云团集聚而成的。一般认为在45.5亿年前，这一星云团的质量就与现代地球质量相近了。那时候的地球还只是许多微星的集合体，叫原地球。原地球在引力收缩和内部放射性元素衰变下产生热，熔融的铁、镍等元素迅速向地心集中，于是在46亿年前左右地球形成了地核、地幔和地壳，进行了初步的分异作用。

▲ 原始地球形成示意图

▼ 生命的起源环境示意图

◎地球上最早的生命是怎么来的？

在原始地球形成后，频繁的火山活动形成了原始大气。还原性大气在闪电、紫外线、冲击波、射线等作用下，形成一系列有机小分子化合物。这些有机小分子在海洋中经历了漫长的积累和进化，大约在35亿年前终于形成了具有新陈代谢和自我繁殖能力的原始生命体，实现了无机物→简单有机物→复杂有机物→原始生命体的转变。

◎地球的"长相"

美丽的山川、蜿蜒的河流、宁静的湖泊、险峻的山峰、辽阔的平原、蔚蓝的大海、广袤的沙漠，还有五彩缤纷的植物和千奇百怪的动物，魅力四射的地球吸引着一代又一代的探索者。

从外形上来看，地球就像一个梨子，如果用数字来勾绘，地球就是一个扁率不大的椭球体。

▲像梨子一样的地球

赤道半径：6 328.140 千米；

两极半径：6 356.755 千米；

赤道周长：40 075.24 千米；

表面面积：大于 5.1 亿平方千米；

地球质量：5.975×10^{24} 吨。

1 揭开地球的面纱

◎ 给地球做个"解剖手术"

1910年,克罗地亚(或奥地利)地震学家莫霍洛维奇意外地发现,地震波在传到地下50千米处有折射现象发生。1914年,德国地震学家古登堡发现,在地下2885千米深处,存在着另一个不同物质的分界面。后来,人们为了纪念他们,就将两个面分别命名为"莫霍面"和"古登堡面",并根据这两个面把地球分为地壳、地幔和地核3个圈层。

地球呈现典型的内、外同心圈层结构。外部圈层由流动不止的大气圈、活泼激荡的水圈和朝气蓬勃的生物圈组成。内部圈层包括刚性的地壳、固态的地幔和铁质的地核3个主要组成部分。其中,地壳与地幔的分界称莫霍面,地幔与地核的分界称古登堡面。

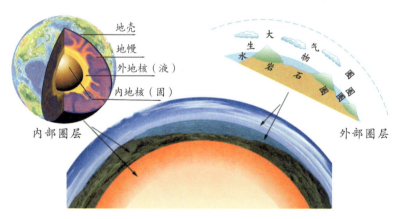

▲地球的内外圈层示意图

地球的防护罩——大气圈

大气圈是聚集在地球周围的气体圈层,主要物质成分是氮和氧,约占大气总质量的99%,而原始大气的主要成分却是氢和氦。大气圈是地球表层和生命的防护罩，是决定地球表层破坏与重建、生命兴衰的重要因素。

地球的生命之源——水圈

水圈是环绕地球的连续不规则含水圈层，也是地球外部圈层中最活跃的一个圈层。水是生命之源，是改造地表的主要动力。水圈的形成时间在距今 40 亿年左右，那时原始海洋就已经诞生了。

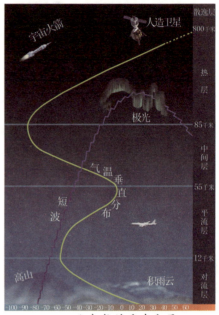

▲大气的垂直分层

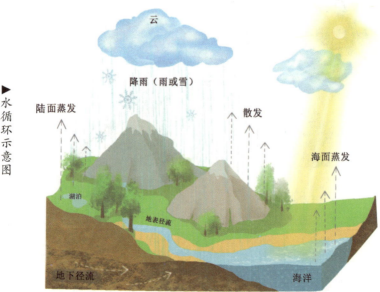

▶水循环示意图

地球的居民——生物圈

在大气圈、水圈与岩石圈的界面上下,分布着上千万种生物,它们相互依存和制约,构成了一个形态特殊的圈层——生物圈,绝大多数生物都集中在陆地表面和浅海中。生物圈是地球外部圈层相互作用的产物,是大自然的精华。

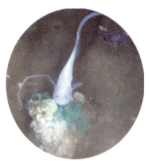

▲ "蛟龙号"载人潜水器在7062米海底发现奇怪深海生物

▲ 美国加州金矿矿液中的耐酸细菌

尽管生活习性千差万别,但生物却是无处不在的。即使是在难以想象的极端条件下,如阴森黑暗的深海海底、炽热灼人的沙漠地带、温暖的地表热泉出口以及地下深处的岩石中等,都有它们的身影,可见某些生物的顽强生命力。

▲ 沙漠之舟——骆驼

地球的固体外壳——岩石圈

地壳和地幔的顶部都是由岩石组成的,所以地质学家们把它们统称为岩石圈。岩石圈与人类生存密切相关,因此对它的研究也是最多的、最详细的、最彻底的。

岩石圈分为深部岩石圈和浅部岩石圈,从深到浅,存在地核地幔、地壳物质的不断循环与转化,表现在结果上即岩石圈多种岩石的种类、物质、特征等内含的变化、循环等。

对于浅部岩石圈采样和观察研究都相对容易,但是对于深部岩石圈,我们可能有些无能为力。因此,在研究地球深部时就要借用人工地震波的优势。

▲岩石圈的循环作用

1 揭开地球的面纱

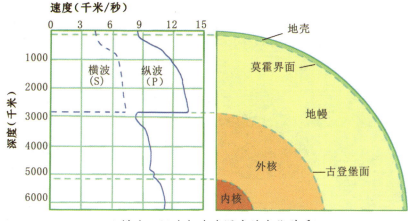

▲ 横波、纵波与地球深度的变化关系

人工地震波可以用来探测地球深部。地震波分为纵波和横波，纵波能在固体、液体、气体中传播，速度快；横波只能在固体中传播，速度慢。它们共同的特点是在不同的介质中传播的速度不同。在地幔中，纵波、横波都能通过，揭示了地幔中物质可能是固态；在外地核中，横波消失了，说明地核物质可能是液态。

地球到底有多深？我们是否可以通过钻很深很深的井去了解它？20世纪六七十年代，苏联在二战期间美苏军事争霸的背景下，成千上万的科研人员被编入"地球望远镜"的秘密计划中，实施了一项超级工程——科拉超深钻孔，也叫科拉钻井。此次大陆超深钻探分别在阿塞拜疆、科拉半岛和乌拉尔实施3口超过10 000米的超深钻井，其中科拉钻井深12 262米，是当时世界上最深的钻孔，它的深度保持了20年领先纪录，直到2008年才被卡塔尔的一口石油钻井打破。科拉钻井除了因深度震惊世界以外，它为何不再继续往下钻探的传闻也一直被人们讨论。1983年，科拉钻井钻探深度已经

▲科拉钻井

达到了12 000米，最后的262米在1983—1993年开挖。令人奇怪的是这短短的200多米竟然花了10年的时间，之后在1994年钻探终止。官方给出的解释是经费不足，然而据一些内部人员透露，之所以被官方紧急叫停是因为可能出现了一些超"自然现象"。

我国松科二井于2014年4月13日在黑龙江松辽盆地开钻，历时4年多，钻井深7018米，成为亚洲国家实施的最深大陆科学钻井和国际大陆科学钻探计划成立22年来实施的最深钻井，也是全球首个钻穿白垩纪陆相地层的科学钻探井。松科二井工程攻克了超高温钻探和大口径取芯等关键技术难题，创造了311毫米大口径连续取芯最长、3种不同口径单回次取芯最长4项世界纪录；在世界上首次研发并成功应用大口径一次取芯成井等技术，将钻进速度提高了2倍；成功研发了抗高温钻探技术，创造了国内最高温度（241℃）

条件下钻进的新纪录;发现了松辽盆地深部页岩气和地热能两种清洁能源,具有良好的勘探开发前景;首次在全球实现了对白垩纪最完整、最连续陆相地层厘米级高分辨率的精细刻画,重建了白垩纪陆相百万年至十万年尺度气候演化历史,发现了大规模火山爆发排放二氧化碳引发陆相气候剧烈波动的重要信息;建立了松辽盆地陆相地层标准剖面——"金柱子",构建了盆地早期基底双向汇聚、后期伸展反转的陆内盆地演化新机制,提出了多期海侵事件造成盆地有机质更加富集的新认识。

我国"蓝鲸1号"平台是目前全球作业水深、钻井深度最大的半潜式钻井平台,适用于全球深海作业。"蓝鲸1号"平台的质量为42 000吨,甲板面积相当于一个标准足球场大小,最大作业水深为3658米,最大钻井深度为15 240米,是目前全球最先进的超深

▼ 松科二井

水双钻塔半潜式钻井平台。"蓝鲸1号"平台从船底到钻井架顶端有37层楼高,造价相当于两架空客A380的价格。2017年"蓝鲸1号"半潜式钻井平台在海底可燃冰试采中实现了连续31天稳定产气,总产气量达到21万立方米。这是我国海底可燃冰开采的历史性突破,也是世界上第一次成功实现可燃冰安全可控开采。此次"蓝鲸1号"平台成功开采海底可燃冰为下一步商业性开采利用提供了技术储备,实现了我国在能源勘探开发领域的历史性跨越,对推动海洋强国建设具有重要而深远的意义。

▲ "蓝鲸1号"半潜式钻井平台

"地球号"深海钻探船是日本制造的世界最大深海钻探船,它能够在深海、大地震发生等区域进行钻探作业,被称为"人类历史上第一艘多功能科学钻探船"。2018年12月,"地球号"深海钻探船在日本和歌山县的附近海域进行海底科研钻探,最深达到海床以下3 262.5米，此前科研海底钻探的世界最深纪录是海床以下3 058.5米，同样由"地球号"深海钻探船创造。日本海洋研究开发机构计划将来在可能发生大地震的南海海沟位置进行钻探，采集岩石等样本，钻探最深处将达到海床以下5200米。通过这种深度的钻探，可以取到地球不同深度的样本，了解地球各个断层的机理、生物状态和可利用矿物质成分等各方面，对于安放地震侦测器和收集地震成因资料有很大的帮助，还能勘探海底资源。

▲ "地球号"深海钻探船

2 地球的物质世界

地球上共有多少种元素？
各类岩石都是怎样形成的？
矿产资源要经历多久的时间才能形成？
这些矿产资源最终都会枯竭吗？

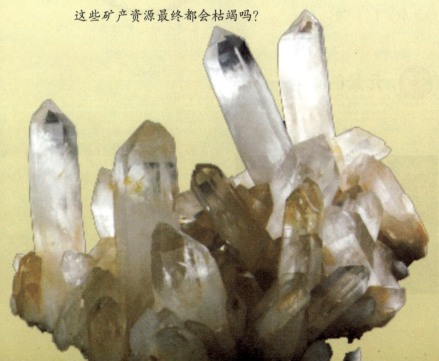

2.1 地球的细胞——元素

地球上已知元素有 118 种,其中在自然界存在的有 94 种,但最主要的只有铁、氧、硅、镁、铝等十几种其余 24 种元素为人工合成。地球深部物质很难直接获取,科学家一般认为其元素含量与陨石接近。我们直接接触地球表面,对地壳的元素含量了解得比较准确。在整个地球内,元素的分布是不均匀的。

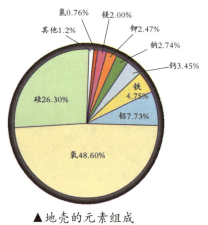

▲地壳的元素组成

2.2 元素的集合——矿物

▲水晶晶簇

元素一般以化合物的形态存在,也有少数以元素单质形态存在。元素在一定条件下组合在一起,可以形成大小和结构不同、形态和颜色各异的矿物。目前地球上发现的矿物有近 4000 种。

2 地球的物质世界

▲ 方解石晶簇

▲ 萤石（氟化钙）

2.3 矿物的结集合——岩石

矿物组合形成了岩石。自然界中的岩石数量众多，但都无一例外地归为三大类：沉积岩、岩浆岩、变质岩。地球岩石的循环就是通过岩浆岩、沉积岩、变质岩的形成与相互转化而得以实现的。岩浆作用将地球深部物质带到地表，形成岩浆岩；外动力地质作用将地表的岩石变为沉积岩；构造运动和岩浆作用可以使岩石发生变质，形成变质岩；而板块运动又可将地表的岩石带到地球深部，重熔为岩浆。

◎ 沉积岩

沉积岩是指在地表条件下由风化作用、生物作用和火山作用的产物，经水、空气和冰川等外力的搬运、沉积与成岩固结而形成的岩石。

沉积岩在地表分布最广，岩浆岩和变质岩在地壳中所占体积

▲甘肃张掖的沉积岩（丹霞地貌）

▲北京延庆龙庆峡白云岩

最大。成层性极好的沉积岩，不仅极具观赏价值，而且是一部展示地球历史的万卷书。

化石常存在于沉积岩中，相较于岩浆岩和变质岩，沉积岩是在相对低温低压的条件下形成的，具备将化石保留下来的条件，生物化石能够展示沉积的环境和时间。

▲沉积岩中的腕足动物化石指示浅海环境

▲距今1.5亿年沉积岩中的植物化石指示陆地环境

2 地球的物质世界

◎ 岩浆岩

岩浆岩是由高温熔融的岩浆在地表或地下冷凝形成的岩石,也称火成岩。岩浆喷溢出地表凝固形成的岩石称喷出岩,如玄武岩等。岩浆如未达地表在地下一定深度凝结而成的岩石称侵入岩,如花岗岩等。

玄武岩

▲玄武岩标本

玄武岩是地球洋壳和月球月海最主要的组成物质,也是地球陆壳和月球月陆的重要组成物质。玄武岩常具气孔状、杏仁状构造和斑状结构,有时含有大的矿物晶体。未风化的玄武岩主要呈黑色和灰色,也有黑褐色、暗紫色和灰绿色。

蓝宝石是碱性玄武岩浆早期结晶的产物,含蓝宝石的玄武岩中含有大量的二辉橄榄岩。玄武岩石是上地幔部分熔融出玄武岩熔体后的上地幔残留物。玄武岩属基性火山岩,节理多,在熔岩流中岩石垂直冷凝面常发育成规则的六方柱状节理,形成岩浆岩地貌景观。

▼我国沿海地区的柱状玄武岩地貌

花岗岩

花岗岩是大陆地壳的主要组成成分,主要成分是石英、长石和暗色矿物。因为花岗岩是深成岩,常能形成发育良好、肉眼可辨的矿物颗粒,因而得名。花岗岩不易风化,颜色美观,外观色泽可保持百年以上,由于其硬度高、耐磨损,除了用作高级建筑装饰工程、大厅地面外,还是露天雕刻的首选之材。著名的安徽黄山山体就是主要由垂直节理发育的花岗岩构成的。

▲粗粒花岗岩标本

▼安徽黄山景观

2 地球的物质世界

◎ 变质岩

变质岩是地壳的主要组成成分,是早期形成的岩石因温度、压力等条件的变化而形成的一种新的岩石。此种岩石具有新的化学成分、矿物成分和结构构造,如大理岩、片麻岩等。变质岩包含大量地壳运动和岩浆活动的信息,并形成了大量的景观。中岳嵩山大部分岩体是由变质岩组成的。

▲ 硅灰石大理岩标本

▲ 片麻岩标本

▼ 中岳嵩山景观

2.4 矿产资源

矿产资源埋藏在地下深处，要经历亿万年的岁月才能形成。世界 70% 以上的农业原料、80% 以上的工业原料以及 95% 以上的能源都来源于矿产资源。我国是矿产资源大国，截至 2017 年底，已发现矿产 173 种，其中有探明储量的 162 种，铅锌、钨、锡、锑、稀土、菱镁矿、石膏、石墨、重晶石等矿产储量居世界第一位，矿产资源开采总量居世界第二位。

◎ 工业的粮食——煤

煤是由地质历史时期堆积的植物遗体，经过复杂的生物化学和物理化学作用转变成为可燃性固态能源矿产。目前，煤是我国重要的能源矿产，也是最主要的固体燃料，被称为"工业的粮食""乌金""墨玉"等。早在新石器时代，人类便有使用煤的记录。

▲煤标本

◎ 工业的血液——石油、天然气

油气是一种热值高、密度低的可燃有机矿产，作为当今世界重要

2 地球的物质世界

的能源和化工原料，它被称为"工业的血液"。石油通过加工，还可以得到汽油、柴油、煤油、润滑油、石蜡、沥青等产品。石油及其产品作为化工原料，可以生产合成

▲石油的用途广泛

纤维、合成橡胶、塑料、化肥、农药、化妆品、合成洗涤剂等产品。

◎ 铁矿石

铁矿石是指含有铁单质或铁化合物可经济利用的矿物集合体，由铁矿石经过加工生产出来的各类钢铁材料，应用在生活中各个方面。

◎贵金属及稀有金属矿

贵金属矿指金矿、银矿和铂族金属矿，是稀少而贵重的金属矿产，从中提炼出的金、银和铂族金属，具有重要和特殊的用途。稀有金属矿指锂、铷、铯、铌、钽、铍、锆、铪等矿种，它们在地壳中含量稀少，不易富集成矿，用它们提炼出的稀有金属可广泛用于各尖端领域。

▲形似狗头的狗头金

贵金属中的狗头金被称为"金中之宝"，它是一种含杂质的自然金块，因其形似狗头，常被称为狗头金。狗头金主要是在金矿附近含金的地下水和生物富集作用下，在条件适合的情况下富集而成的，因为狗头金可遇而不可求，世界各国都以有狗头金引以为豪，常常被当成珍宝留存。目前，全世界发现的大于10千克的狗头金有近10 000块。

◎稀土金属矿

稀土元素是钪、钇、镧系17种元素的总称，包括钪、钇、镧、铈、镨、钕、钷、钐、铕、钆、铽、镝、钬、铒、铥、镱、镥。稀土金属矿产有"工业维生素"的美称，是21世纪重要的战略资源。据统计，每6项新技术的发明，就有1项离不开稀土。中国稀土矿产储量全球第一，年产量占世界稀土产量的90%以上，出口总量占全球的80%，可以说"中东有石油，中国有稀土"。我国著名内蒙古自治区白云鄂博稀土矿占国内稀土资源储量的80%以上。

2 地球的物质世界

▲ 白云鄂博稀土矿

氯化镧粉末

氯化镧粉末的性状为白色斜方晶系或无定形粉末，近乎白色粉末，主要用于制造精密光学玻璃、光导纤维，制造特种合金精密光学玻璃、高折射光学纤维板及摄影机、照相机、显微镜的镜头和高级光学仪器棱镜等。在海湾战争中，美国拥有的加入稀土元素镧的夜视仪成为伊拉克军队的梦魇。

▲ 氯化镧粉末

铈

铈是一种银灰色的活泼金属，粉末在空气中易自燃，易溶于酸，它是一种稀土元素。铈可作催化剂、电弧电极、特种玻璃等，它的合金耐高热，可以用来制造喷气推进器零件。

▲ 铈制作的零件

钇

▲ 钇

钇是一种灰色金属，化学性质非常活泼，它在冶金、化工、航天、能源、电子等领域均发挥着重要作用。例如：在冶金领域，铸铁时钇可作为石墨球化剂、形核剂和对有害元素的控制剂，可提高铸件质量，改善其机械性能；在陶瓷领域，钇除了作为陶瓷的颜料，还可以减少陶瓷和釉层的破裂并使其增加光泽；在发光材料领域，含有钇的发光材料吸收能量的能力强，转换效率高，可发射紫外到红外的光谱，荧光寿命从纳秒到毫秒跨越 6 个数量级，物理化学性能稳定。

科普小课堂一——合理开发矿产资源

◎ **矿产资源的特点**

矿产资源具有不可再生、分布不均匀、不容易勘探和开采的特点。目前矿产资源的供需市场在不断动荡，其重要原因之一是地球上的能源矿产已面临枯竭的危机。

2 地球的物质世界

煤炭储量虽较丰富，但若在油气资源枯竭后，集中消耗煤炭，也只能再开采利用50年。另一方面，大量使用碳氢化石燃料，地球的温室效应和环境污染将日益严重，生态平衡将遭到破坏，也将直接危及人类生存。

▲珍惜矿产资源，随手关闭阀门

因此，珍惜矿产资源、合理开发利用是当前矿产开发的重要措施。同时，要开发新能源及绿色能源，加紧研究和开发利用低污染乃至无污染的太阳能、风能、地热能、海洋能、生物能、天然气水合物、氢能等绿色能源已迫在眉睫。

科普小课堂二——水资源

◎ 水资源的特点

地球是太阳系八大行星之中唯一被液态水所覆盖的星球。一般来说，广义上的水指的是地表所有的水，狭义上的水指的是陆地上的淡水。地球的总储水量中，海洋水量占总水量的96.5%，余下的水量中地表水占 1.78%，地下水占 1.69%。如果大地没有任何坑坑洼洼，那么整个大地就会被海洋淹没，海水深度预计会达到 3798 米，我们的地球是否应该叫作水球呢？

虽然地球的储水量巨大，但是可直接利用的淡水资源仅占全球水资源总量的十万分之七，并且全球的水资源分布极度不均匀。

▲地球或水球？

◎ 缺水的非洲

在中国的大部分地区可以说是"水旱从人，不知饥馑"，然而生活在世界的另一个角落的人们却是"惜水如金"。非洲一直以来都是多旱少雨，水资源也不充足，每天因水资源匮乏而挣扎着维持生计的人不计其数。

▲干枯的水井

▲被污染的浑水

◎ 我国缺水的大西部

我国水资源丰富,但缺水问题不容乐观。在甘肃地区,部分农民每天早晨最要紧的事情可能就是赶着驴车去几里地外取水。他们会将运回来的水利用到极致,绝不浪费一滴水。

▼青海缺水形成的沙漠景观

3 永不安稳的大地

大陆漂移说到底有没有科学依据？
火山、地震和海啸是怎样产生的？
世界上哪个国家的火山最多？
我国的火山分布是怎样的？

地球是一位运动健将，它无时无刻不在运动当中。除了自转和绕着太阳公转以外，地球内部的板块也一直处于活跃状态。我们目所能及的大好河山，目不能及的地底深处，日常生活中的火山、地震、海啸等都是地球运动的产物。让我们跟随探索者们的脚步，去重温这些勇敢而又充满智慧的人们是怎样一步一步揭开地球运动的奥秘。

大陆漂移

德国气象学家、地球物理学家阿尔弗雷德·魏格纳（1880—1930年）在1912年首先提出了大陆漂移说。

1910年的一天，魏格纳偶然发现世界地图上大西洋东西海岸线的轮廓非常相像，尤其是南美洲巴西东部的突出部分与非洲西海岸的几内亚湾十分吻合。

▲魏格纳

是不是非洲大陆和南美洲大陆曾经连在一起，后来才裂开、漂移？当时这个学说在细节上虽然还不完善，但魏格纳已从地貌学、地质学、地球物理学、古生物学、古气候学、大地测量学等诸多方面提供了大量有力的论据。

虽然在当时魏格纳的大陆漂移说遭到过人们的反对，但随着科学技术的发展，大量的证据证明了大陆漂移说的科学性。例如在地

3 永不安稳的大地

质学的文献资料中发现：首先，南美洲东岸的西依拉山脉和非洲西岸的开普山脉，不仅地质构造相同，而且它们的矿层成分和年龄都一样；其次，是在古生物资料中发现南半球的几个大陆上，石炭纪时期的爬行动物中有64%的种类是共同的，而到了三叠纪（推测南半球的几个大陆已经分裂）几个大陆爬行动物中共同种已经下降到34%。

特别注意的是，已经发现的大量古生物化石证据能说明两块大陆曾经连在一起。例如非洲和南美洲生活着同种不会飞的海牛和鸵鸟，一种叫舌羊齿的植物化石（2.5亿年前的一种蕨类植物）在印度、澳大利亚和非洲地层中均被发现。同样在南美洲和非洲发现了相同的动物化石，例如相同的恐龙化石。

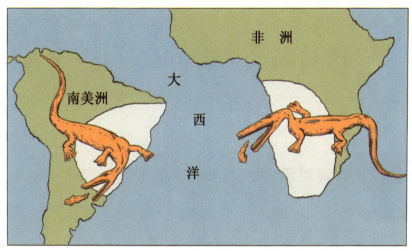

▲南美洲和非洲发现了相同的恐龙化石

大陆在漂移，因此地球表面的格局也在不断变。从不同时期的世界地图一直在发生变化，也证明了大陆漂移说的科学性。

——少年安得长少年，海波尚变为桑田。

从距今约 2.5 亿年的盘古大陆,再到距今约 1 亿年的大陆开始分离,再到距今约 0.5 亿年出现与今天大陆格局近似的海陆分布,地球在不断运动着,沧海桑田在不断变迁。

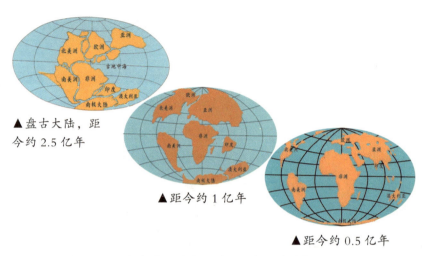

▲盘古大陆,距今约 2.5 亿年

▲距今约 1 亿年

▲距今约 0.5 亿年

▲沧海桑田的变迁(2 亿年的跨越)

3.2 地幔对流

地幔对流说认为地幔中有部分物质在不停地对流循环,在上升流处形成大洋中脊,下降流处造成板块间的俯冲和大陆碰撞。地幔对流说在 19 世纪就已有人提出,英国著名地质学家霍姆斯(1928)和格里格斯(1939)试图说明地幔对流是大陆漂移的驱动力,直到 20 世纪 60 年代这一观点才被地质学家广泛接受。

地幔对流中的上升流从地球内部向地表输送能量、动量和质量，上涌流动与大洋中脊裂谷和大陆裂谷的形成、地表热点和火山现象密切相关，因而受到重视。

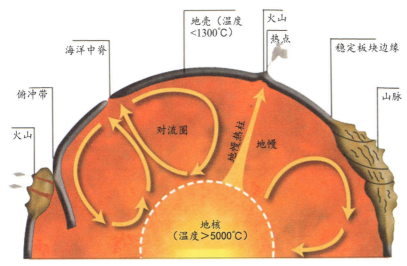

▲地幔对流示意图

3.3 海底扩张

海底扩张说是海底地壳生长和运动扩张的一种学说，是对大陆漂移说的进一步发展。它是20世纪60年代，由加拿大科学家赫斯和迪茨分别提出的，恰好解释了当年魏格纳无法解释的大陆漂移理论的原理。在各大洋的底部有一条绵长的海岭叫大洋中脊，是全球最大的"山系"，是海底扩张的发源地。

岩石圈在海岭中央裂开，地幔物质的对流使岩浆不断涌出，冷却固结后向两侧对称地推挤，导致大洋海底不断扩张，并在大陆边缘的海沟处俯冲到地幔中。

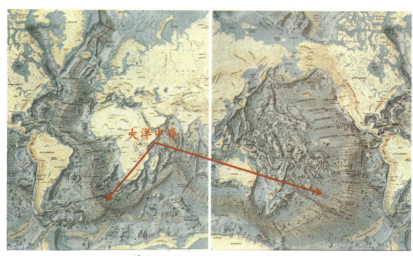

▲ 绵长的"山系"——大洋中脊

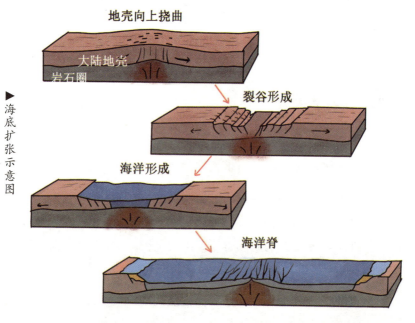

► 海底扩张示意图

3 永不安稳的大地

 板块构造

板块构造学说是在大陆漂移说、地幔对流说和海底扩张说的基础上发展起来的。我们的地球表面覆盖着不易变形且坚固的板块(岩石圈)，这些板块以每年 1～10 厘米的速度移动。板块构造学说将大陆地质的研究与海底地质的研究统一起来，找出了它们之间的本质联系，成功地解释了一些大地构造现象。我们的地球如同蛋壳被敲裂一样，岩石圈由 17 个板块拼接而成，其中规模较大的有 6 个，我们处在欧亚板块上，东临太平洋板块，南接印度洋板块。板块之间相互插入、摩擦和挤压，一直处在运动之中。

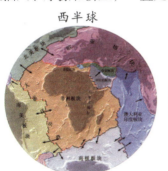 

▲西半球和东半球板块分布

现在普遍认为，绝大部分山脉形成的原因是板块的俯冲和碰撞。喜马拉雅山脉是印度洋板块与欧亚板块于 4000 万年前发生碰撞形成的。

▲喜马拉雅山脉形成示意图

3.5 地壳运动的痕迹

古往今来,地壳运动从未停止过。除了像地震那样的瞬时运动之外,绝大部分地壳运动都极其缓慢。通过对保存在岩层中的褶皱和断裂的观察研究,能让人感受到地壳运动的神力。

◎ 断层

断层是岩层受到挤压力或者拉张力发生断裂形成的,一般分为3类:①上盘相对下降的正断层;②上盘相对上升的逆断层;③两盘沿断层走向作相对水平运动的平移断层,又称走向滑动断层(简称走滑断层)。

▲岩石的断裂错动

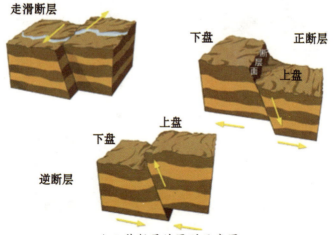

▲3种断层的区别示意图

3 永不安稳的大地

◎ 褶皱

岩层受力发生弯曲,形成了褶皱。褶皱构造是地壳中最广泛的构造形式之一,它几乎控制了地球上大、中型地貌的基本形态,世界上许多高大山脉都是褶皱山脉。

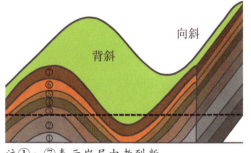

注①~⑦表示岩层由老到新

▲向斜与背斜示意图

褶皱有两种基本形态,即向斜和背斜。

向斜:岩层向下弯曲,主要的判断方法是岩层内新外老,在一水平面上,中间是新岩层,而两边是老岩层。

背斜:岩层向上弯曲,主要的判断方法是岩层内老外新,在一水平面上,中间是老岩层,而两边是新岩层。

▲海边的向斜构造小山包

▲江边的巨大背斜岩层

科普小课堂——背斜、向斜

◎ **背斜储油、储气**

背斜是良好的储油、储气构造，部分含有油、气的沉积岩层在受到巨大压力之后发生变形，石油都运移、存储到背斜里去了，在背斜形成富集区。所以，背斜构造常常是储藏石油的"仓库"，在石油地质学上叫"储油构造"。通常，由于天然气密度最小，处在背斜构造的顶部，石油处在中间，下部则是水。

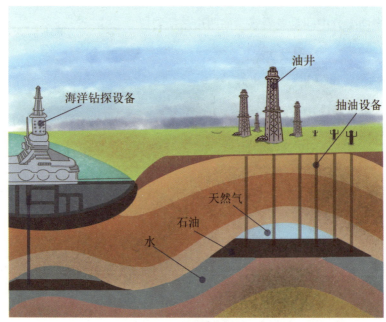

▲油田的地质构造

◎ 背斜建隧道

背斜核部岩层坚硬，可以拦截地下水流入隧道，并且背斜的拱形结构能均匀受力，岩层的顶托作用使开掘隧道的安全性大大提高。因此，隧道、铁路等对地质要求较高的工程多选址于背斜。

▲背斜建的隧道

◎ 向斜建水库

向斜是良好的储水构造，适合建水库。向斜构造向下凹有利于地下水补给，两翼的水向中间汇集，下渗成地下水，因此打井可以选在向斜核部。

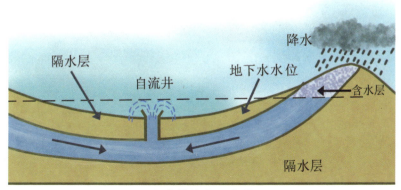

▲向斜储水示意图

◎ 火山

岩浆是藏身在我们脚下的火海，随时准备寻找地层的薄弱点，然后一举突破。在地下深处巨大的压力下，岩浆顺岩层薄弱带或破碎带往上升，在某个深度就冷却凝固了叫岩浆侵入，冲出地表则为火山爆发。岩浆喷出地表后冷凝形成了喷出岩。

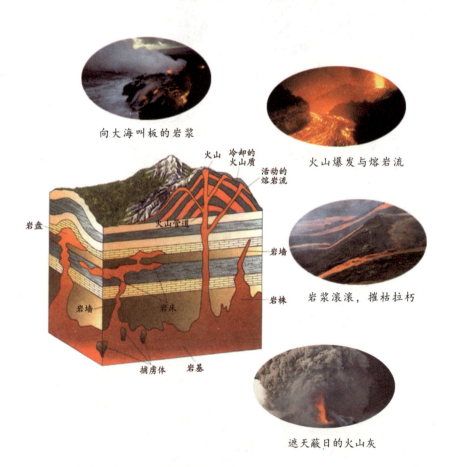

▲岩浆与火山的形成

3 永不安稳的大地

世界火山分布

世界的火山分布不均匀，主要有4个火山带：环太平洋火山带、地中海—喜马拉雅火山带、大洋海岭（中脊）火山带和大陆裂谷火山带。环太平洋火山带与地震带基本一致，它是世界上最大的火山地震带，面积占世界火山地震带的一半。目前该带有活火山300余座，占全球活火山数近80%，其中印度尼西亚就有90座之多，成为世界上火山最多的国家。我国华北、东北发生的地震，也与此带的地壳活动有关。

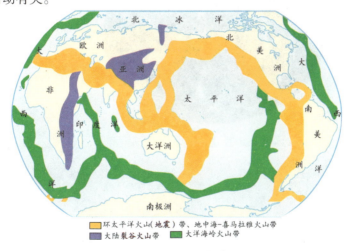

▲世界火山分布带

▼美国黄石公园大棱镜彩泉

 地球的来龙去脉

冰岛处在大西洋中脊上,因此火山活动很频繁。位于冰岛南部的艾雅法拉火山于 2010 年 3 月至 4 月接连两次爆发,附近约 800 名居民紧急撤离。火山岩浆融化冰盖引发的洪水以及火山喷发释放出的大量气体和火山灰对航空运输、气候和人体健康均造成长期影响。

▲冰岛火山爆发伴随电闪雷鸣

3 永不安稳的大地

▲冰岛火山爆发时释放的火山灰铺天盖地

▲冰岛火山爆发时的滔天热浪

地球的来龙去脉

中国的火山分布

▲黑龙江五大连池火山口

中国著名的火山群之一——五大连池火山，位于黑龙江省德都县北部。五大连池为5个"波波相映，池池相连"的湖泊，环绕着五大连池，几十座火山层峦叠嶂，好不壮观。

▼长白山天池（白头山天池）

3 永不安稳的大地

腾冲市位于云南，是著名的旅游胜地，西南毗邻缅甸。腾冲地处欧亚板块与印度洋板块交汇处，地壳运动活跃，地震频繁，剧烈地震引发火山爆发。腾冲有70多座火山。

长白山（白头山）位于吉林省东南部地区，火山锥顶形成火山口湖——天池（中朝界湖），湖面略呈椭圆形，面积约9.82平方千米，水面海拔2189米，最大水深373米，是我国东北地区海拔最高和最深的湖泊。长白山天池（白头山天池）为休眠火山，曾于1597年、1668年和1702年三度喷发。

▲ 云南腾冲火山口

4 大自然的雕塑家

山川与河流是怎样形成的?
沙漠的蘑菇石是风吹出来的吗?
千姿百态的溶洞景观是谁的杰作?

大自然的雕塑家用它的鬼斧神工,塑造了一个令人叹为观止的地球。地球的表面曾经被建设过也被摧毁过,它曾经一度分裂成数块碎片,然后又与海洋一道,以一种和谐的形式重新组合在一起。

"雕塑家们"在塑造地貌的过程中,有两种工作在同时进行:地壳运动形成山脉和高原,气流和水不断对地表进行雕琢。

4.1 分崩离析——岩石的风化

▲ 沙漠差异风化地貌

岩石风化一般是指岩石在太阳辐射、大气、水和生物等的影响下,出现破碎、疏松及矿物成分次生变化的现象。在风化作用下,高山会被风化和剥蚀为平地,湖泊会被沉积物

▼ 海边差异风化地貌

和植被填满，沙漠也会随着气候的变化而行踪不定。暴露在地壳表面的大部分岩石都处在与其形成时不同的物理化学条件下，而且地表富含氧气、二氧化碳和水，因而岩石极易发生变化和破坏，并且往往因组成岩石的矿物成分、结构构造差异，不同的岩石风化速度和风化程度不同，于是就形成了差异风化地貌。岩石的风化表现为从整块变得破碎，最终变成松散的碎屑和土壤。

▲物理风化形成的孤石

岩石的风化作用一般分为物理风化、化学风化和生物风化。物理风化又称为机械风化，是指使岩石发生机械破碎，没有显著的化学成分变化。物理风化是最简单的风化作用形式，常见的风化方式有温差风化、冰劈风化、盐类结晶与潮解作用和层裂作用。

化学风化是指在地表或接近地表条件下，岩石、矿物在原地发生化学变化并可产生新矿物的过程。水和氧气是引起化学风化作用的主要因素，自然界的水不论是雨水、地面水或地下水，都

▲化学风化形成的溶洞

溶解有多种气体（如氧气、二氧化碳等）和化合物（如酸、碱、盐等），因此自然界的水都是水溶液。水溶液可通过溶解、水化、水解、碳酸化等方式促使岩石化学风化。

生物风化则指的是受生物生长及活动影响而产生的风化作用，生物活动一方面引起岩石的机械破坏，如树根生长对于岩石的压力，使根深入岩石裂缝后劈开岩石；另一方面植物根分泌出的有机酸，也可以使岩石分解破坏。此外，植物死亡分解可以形成腐殖酸，这种酸分解岩石的能力也很强。生物风化作用的意义不仅在于引起岩石的机械和化学破坏，还在于它形成了一种既有矿物质又有有机质的物质——土壤。

▲生物风化劈裂岩石

4.2 飞沙走石——风的威力

风是顺地面流动的空气，当风速较大并携带沙石时，能显著冲击和摩擦地表岩石，使岩石遭受破坏，往往形成鬼斧神工般的风蚀地貌。在干旱气候区的荒漠地带，风蚀作用最为显著。

▲风蚀作用形成蘑菇石

4 大自然的雕塑家

风蚀作用顾名思义即风的侵蚀作用，它会导致土壤沙化，强烈的风蚀作用会侵蚀土壤并破坏生态环境。具体地讲，空气流动形成风，风具有很大的动能，作用于物体时就形成风力。当风力超过地表土抗蚀力时，土粒等就会被风吹走，这种现象叫作风蚀作用。风蚀一般有两种形式：吹蚀和磨蚀。吹蚀是单纯依靠气流的冲击力和紊流作用，把暴露在地表的部分松散细小碎屑吹离地表。吹蚀的强度主要取决于风力的大小、地表碎屑颗粒的粒径及其联结力。把松散无联结的、大小不同的碎屑吹起来的临界风速是不同的，风力大，地表碎屑越细，吹蚀作用越强。磨蚀是在吹蚀过程中，地面气流中携带大量沙粒，对所经地表和物体产生很强的打磨作用。风蚀过程中这两种方式往往是同时进行的，它们像两把刻刀，不断地雕琢着地貌，形成种种风蚀地貌景观。

▼雅丹地貌

4.3 移山填海——地面流水的力量

地面流水不断侵蚀、冲刷沿途的岩石及土壤,并将冲刷产物搬运至海洋、湖泊等低洼处堆积下来。这个过程往往形成千姿百态的侵蚀和堆积地貌。

在山区河流或江河上游地面流水侵蚀作用以下蚀作用为主,使河道加深,形成壮观的峡谷。

▼金沙江大峡谷

4 大自然的雕塑家

在河流中下游地面流水侵蚀作用则以侧向侵蚀为主，使河道弯曲，或侧向淤积成湖，或决口改道成湖。在平原地区流淌的河流一般发育形成河曲，在河曲发育的过程中，相邻曲流环间的曲流颈受水流冲刷而变窄，一旦被水切穿，河道自行取直。这种河道被水切穿取直的现象，称为截弯取直。河水改道从取直的部位流过，原来弯曲的河道被废弃之后形成湖泊，因这种湖泊形似牛轭，故称为牛轭湖。

▲ 自由河曲

河流冲破狭窄的颈部截弯取直后，此山体将成为离堆山

▲ 嵌入式河曲

▲ 牛轭

▲ 牛轭湖

▼ 河道侧向淤积

例如我国湖北省内的荆江两岸牛轭湖众多，就是由这个地区的地势低平、水流缓慢所致。湖北的尺八口和原有的白露湖及排湖也是著名的牛轭湖。

地面流水除了冲刷与侵蚀的威力外，也常常是一个搬运的好手。我国的黄河每年能将 12 亿吨以上的泥沙搬运入海，这些泥沙如果筑成横截面积为 1 平方米的长堤，可以绕地球赤道 30 多圈。

▲黄河小浪底水库排沙

4.4 滴水穿石——地下水的神功

地下水是指埋藏在地表以下的水体，主要来源于大气降水。地下水是重要的淡水来源，约占淡水量的 22.4%。

4 大自然的雕塑家

地下水中一般多含二氧化碳，它不断地溶蚀灰岩，形成各种岩溶地貌。当它流入洞穴或溢出地表时，因压力减小产生碳酸钙沉淀，形成钟乳石、石笋、石柱以及泉华等。

▲钟乳石

◎ 钟乳石

溶解了碳酸钙的水，从洞顶上滴下来时，水分蒸发和二氧化碳逸出，被溶解的钙质又变成固体(称为固化)，由上而下逐渐增长而成的，称为钟乳石。钟乳石的形成需要上万年甚至几十万年的时间，对地质考察研究具有极大的价值。

◎ 石笋

石笋位于溶洞洞底，是含碳酸钙的水不断点滴到一处，碳酸钙由下而上沉淀形成的尖锥体。

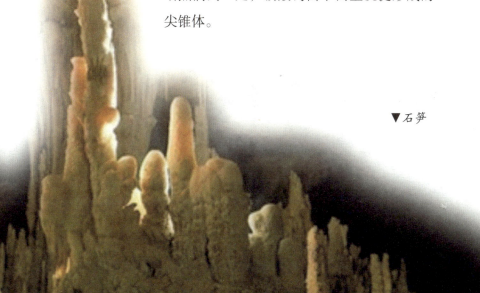

▼石笋

◎ 泉华

泉华是溶有大量碳酸钙的泉水涌出地表，温度升高和压力减小后碳酸钙在泉口形成的钙华沉积。

▲泉华

◎ 扑朔迷离的地下宫殿

地下水的长期溶蚀与沉积，产生了扑朔迷离的溶洞景观，千姿百态，宛如仙境。

石灰岩地区由于地下水长期溶蚀，形成了多样的溶洞景观。如闻名于世的桂林溶洞、北京石花洞，它们就是溶蚀作用创造出来的作品。中国现知最长的溶洞是贵州省绥阳县的双河溶洞，目前已探明长度为159.14千米；最深的溶洞为贵州水城吴家大洞，深430米。

▼溶洞景观

4.5 开谷移山——冰川的能量

冰川是在大陆上常年积雪的地区由积雪形成的能运动的天然冰体，它分布在极地地区附近或中、低纬度的高山区。冰川由多年积雪经过压实、重新结晶以及再冻结等成冰作用而形成的，具有一定的形态和层次，并具有可塑性，在重力和压力下，产生塑性流动和块状滑动，是地表重要的淡水资源。国际冰川编目规定：凡是面积超过 0.1 平方千米的多年性雪堆和冰体都应编入冰川目录。

▲南极冰川景观

◎ 积雪成冰

地球除了终年严寒的南极和北极地区，在其他地区只有高海拔的极寒之地才能形成冰川。我们知道当海拔超过一定高度，温度就会降到 0℃ 以下，固态降水才能常年存在，这一海拔高度被称为雪线。冰川是由雪花积聚而成的，当积雪增厚时，在压力作用下，雪逐渐变成冰。当冰体厚度达到 50 米时，在重力驱使下就可沿斜坡流动形成冰川。

▲冰冻三尺，非一日之寒

◎ 冰川地貌

　　由冰川作用形成的地表形态为冰川地貌。地球陆地表面有约11%的面积被现代冰川覆盖，主要分布在极地，中、低纬度的高山和高原地区。第四纪冰期，欧洲、亚洲、北美洲的大陆冰盖连绵分布，曾波及比今天更为宽广的地域，给地表留下了大量的冰川遗迹。

　　按照规模和形态，冰川分为大陆冰盖（简称冰盖）和山岳冰川（又称山地冰川或高山冰川）。大陆冰盖主要分布在南极和格陵兰岛，形成南极冰盖和格陵兰西大冰盖，山岳冰川则分布在中、低纬度的一些高山上。

　　全世界冰川面积共有1500多万平方千米，其中南极和格陵兰西大大陆冰盖就占去了约1465万平方千米，占世界冰川总体积的99%，其中南极冰盖占90%；山岳冰川的分布面积相对很少。因此，山岳冰川与大陆冰盖相比，规模极为悬殊。

▲ 大陆冰盖

4 大自然的雕塑家

▲山岳冰川

冰川是准塑性体,它的运动包含内部的运动和底部的滑动两部分,是进行侵蚀、搬运、堆积并塑造各种冰川地貌的动力。但这不是塑造冰川地貌的唯一动力,它与寒冻、雪蚀、雪崩、流水等各种应力共同作用,才形成了冰川地区的地貌景观。

▼冰川地貌

◎ 冰天雪地——南极

南极是冰雪的世界,冰盖面积3300万平方千米,平均厚度2000米。那里的自然环境极其严酷,被称为世界寒极、风极和旱极。然而,南极资源丰富,蕴藏着最大的铁矿、煤田以及淡水资源库等。

中国南极长城站是中国在南极建立的第一个科学考察站,于1999年2月4日,正式揭牌,位于乔治岛西部的菲尔德斯半岛上,它面临民防湾中的一条小湾,这条小湾已被中国南极考察队命名为长城湾。在这里,夏季还能看到成片黄绿色的地衣和苔藓,是科学家进行考察的理想场所。

▲南极地理位置

▼中国南极长城站

4 大自然的雕塑家

中国地质大学登山队克服天气恶劣与严寒等诸多困难，于北京时间 2016 年 12 月 14 日成功登顶南极洲最高峰文森峰。之后在 12 月 25 日 6 时许，在白雪皑皑的南极洲成功徒步抵达南极点，并在南极点向全国人民拜年。

▶ 登山队在艰难地跋涉中（引自中青在线）

◀ 中国地质大学登山队在南极点向全国人民恭贺新年（引自中青在线）

5 人与地球的未来

为什么我们要学会敬畏地球?
历史上有哪些震惊世界的自然灾害?
人类对地球的破坏已经到了何种程度?
为什么说绿水青山就是金山银山?

地球的来龙去脉

人类的一切活动都离不开地球,可以说没有地球就没有我们的安身立命之所。人与地球的未来在哪里?怎样使人与地球更加和谐美好地相处?这些一直是值得我们思考的问题。

 学会敬畏地球

人类为什么要学会敬畏地球?因为人类在自然灾害面前无助而渺小,我们不能再妄谈征服自然、人定胜天,而应该坚持科学发展观,与地球和谐相处。

◎ 自然灾害

我们比较熟悉的自然灾害有火山、地震、台风、海啸、洪涝、干旱、滑坡、泥石流、沙尘暴等。人类历史上遭受了不计其数的自然灾害,大型的自然灾害事件给人类社会造成了惨痛的损失。

圣海伦火山爆发

1980年5月18日08时32分圣海伦火山爆发,这是美国历史上死伤人数最多和对经济破坏最严重的一次火山爆发。该火山爆发造成57人死亡,火山引发的大规模山崩使山的海拔从2950米下降至2550米,剧烈的火山灰喷发持续了9个多小时,夷平了附近600平方千米的植被和建筑物。火山爆发的能量总共相当于3.5亿吨三硝基甲苯(TNT,一种烈性炸药),或2.7万枚广岛原子弹,或7倍于人类建造测试过的最大当量核武器"沙皇炸弹"的威力。

▲圣海伦火山喷发的痕迹

唐山大地震

1976年7月28日03时42分53.8秒,中国河北省唐山、丰南一带发生了里氏7.8级地震。此次地震强震产生的能量相当于400颗广岛原子弹爆炸,整个唐山市顷刻间被夷为平地,全市交通、通信、供水、供电中断。凌晨发生使得绝大部分人毫无防备,24万多人死亡,16.4万人重伤,名列20世纪世界地震史死亡人数之首,仅次于明朝嘉靖三十五年(1556年)的陕西华州特大地震。

▲唐山大地震老照片

飓风"桑迪"

飓风"桑迪"是2012年大西洋飓风季的一个飓风,袭击了牙买加、古巴、海地、美国。"桑迪"拥有不规则的风眼,看似不属于常态飓风,

地球的来龙去脉

▲ 美国北卡罗来纳州,一条通向 Mirlo 海滩的道路被"桑迪"摧毁

但其最高持续风速达每小时 120 千米。飓风夹杂着暴雨致使房屋倒塌、农作物被毁以及生产设施遭到破坏,并造成了重大的经济损失和人员伤亡。同时,"桑迪"还造成了汽油短缺、供电与暖气受阻以及航班停滞,并且影响了美国总统大选活动。

印度洋海啸

　　印度洋海啸,也称为南亚海啸,发生在 2004 年 12 月 26 日。这次海啸(同时地震)发生的范围主要位于印度洋板块与亚欧板

▼印度洋海啸场景

5 人与地球的未来

块的交界处。截至 2005 年 1 月 20 日，印度洋海啸和地震已经造成 22.6 万人死亡，这可能是世界近 200 多年来死伤最惨重的海啸灾难。

台风"尼伯特"

2016 年第一号台风"尼伯特"对我国福建、江苏、浙江等地持续进攻。台风引发多地普降暴雨到大暴雨，局部甚至出现特大暴雨，导致城市内涝严重，人员与经济均遭受惨重损失。台风重创福建，直接经济损失近百亿。其中，福州、莆田、泉州、三明 4 个城市受灾最为严重，紧急转移 42.24 万人，多个机场关停、航班取消，大部分铁路、公路、水路运输线停滞。

▲ 莆田市马路成"河"
（引自中新网）

舟曲特大滑坡泥石流

2010 年 8 月 7 日，甘肃省甘南藏族自治州的舟曲县因降雨引发特大滑坡泥石流。截至 8 月 28 日，灾害造成 1463 人遇难，302 人失踪，累计门诊治疗 2244 人。此次特大滑坡泥石流致使舟曲县内三分之二的地区被水淹，300 余户村户的房子被掩埋，周边多处路段交通阻断，大雨再次引发泥石流使救援生命线完全中断。

▲ 甘肃舟曲特大滑坡泥石流灾后救援现场
（引自人民网甘肃频道）

云南四年连旱

云南是一个干旱灾害频发的省份,自 2009 年始至 2013 年持续干旱致使 60 多万人受灾,部分地区 4 年连旱。2010 年遭遇了 60 年一遇的全省性特大旱灾,干旱范围之广、历时之长、程度之深、损失之大,均为云南省历史少有。其中,楚雄市尤为严重,20 余万农村人口缺水。2010 年小麦播种面积 3700 万亩,受灾面积达 3148 万亩,占已播种面积的 85%。

▲云南四年连旱导致高原湖泊干涸

北美黑风暴事件

1934 年 5 月 12 日,一场巨大的风暴席卷了美国东部与加拿大西部(部分地区)的辽阔土地,狂风卷着黄色的尘土遮天蔽日,向东部横扫过去,形成一条东西长 2400 千

▲美国俄克拉荷马州博伊西城附近一个即将被席卷的牧场

5 人与地球的未来

米、南北宽1500千米、高3.2千米的巨大的移动尘土带,当时空气中含沙量达40吨/立方千米。

风暴持续了3天,掠过了美国三分之二的大地,3亿多吨土壤被风暴刮走。风暴所经之处,水井、溪流干涸,牛羊大量死亡,人们背井离乡,流离失所,北美大陆一片凄凉。这就是当时震惊全世界的北美黑风暴事件。

科普小课堂——人类文明发展史

人类文明的发展进程已经经历了原始文明、农业文明和工业文明3个阶段。目前,人类文明正处于从工业文明向生态文明过渡的阶段。

下面我们来共同学习一下人类文明不同阶段的特征和我们的生活模式。

◎ 原始文明

人类文明的第一阶段,指的是大约在石器时代,人们必须依赖集体的力量才能生存,物质生产活动主要靠简单的采集渔猎,为时上百万年。

▲石器时代

◎ 农业文明

农业文明时期主要是自给自足的小农经济，生产资料主要为土地。简而言之就是，文明赖以生存和发展的经济基础是农业。铁器的出现使人改变自然的能力提升，为时约1万年。

▲ 农耕生活

◎ 工业文明

18世纪英国工业革命开启了人类现代生活，为时约300年。此阶段社会生产力得到了巨大的提高，经过第一、第二，乃至第三次工业革命，人们的生活水平也得到了很大的提高。

▲ 工业革命

◎ 生态文明

生态文明是人类遵循人、自然、社会和谐发展这一客观规律而取得的物质与精神成果的总和，是以人与自然、人与人、人与社会和谐共生、良性循环、全面发展、持续繁荣为基本宗旨的社会形态。

▲ 生态工程

5 人与地球的未来

◎ 人类对自然的破坏

人类依靠地球得以生存，并经历了不同的文明阶段，但对这个始终陪伴在我们左右的地球，人类却并没有那么友善。掠夺式的开发、粗放的生产模式对自然造成了严重的破坏。

环境污染是指在自然或人为的破坏下，环境中的某种物质超过环境的自净能力后产生危害。环境本身具有化解污染物质的能力，这种能力称为环境的自净能力。但是排放的物质超过了环境的自净能力，环境质量就会发生不良变化，危害人类健康和生存，这就发生了环境污染。

如今的地球，污染可以说是无处不在，堆积如山的垃圾、漫天掩地的雾霾、散发恶臭的河流……总体来说，常见的人为破坏环境的行为导致了大气污染、水污染、物种灭绝等。

大气污染

凡是能使空气质量变差的物质都是大气污染物，已知的大气污

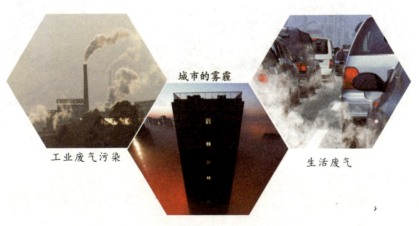

▲ 生活中的大气污染

染物有 100 多种。通常所说的大气污染源是指由人类活动向大气输送污染物的发生源。

大气污染不仅威胁人体健康，而且对工农业生产和气候产生了很多不良的影响。

水污染

人类的活动会使大量的工业、农业和生活废弃物排入水中，使水受到污染。水污染源一般包括：矿山污染源、工业污染源、农业污染源和生活污染源四大部分。水污染在生活中最为常见。例如恒河流域是印度文明的发源地之一，它不仅是今天印度教的圣河，也是昔日佛教兴起的地方，至今还有大量佛教圣地遗存。被印度人民尊称为"圣河"和"印度的母亲"的恒河，如今却是污染严重的河流。

▲被污染的河流

物种灭绝

人类对环境的污染、生态环境的破坏，使得和我们共同生存在地球上的其他物种遭受重创，当前物种灭绝速度变得惊人。

▲野生东北虎

例如有"百兽之王"美称的东北虎,在20世纪初的时候,我国长白山(白头山)地区有百头之多。因为人类砍伐森林,捕杀食草动物,破坏了东北虎的食物链,加之人类为取虎骨、虎皮而乱捕滥杀的行为,东北虎数量开始急剧减少。目前,野生东北虎的数量仅10只左右。

探索地球系统科学

我们想要宽敞、清洁、安全和富裕的生活环境,但是现实却面临人口爆炸、环境恶化、灾害频发、资源短缺的窘境。如何与地球和谐共处,如何创造美好的家园,我们需要形成新的地球观去探索未来之路,也许地球系统科学能够帮我们做到。

地球系统科学指的是把地球作为整体来研究的科学,地球系统指由大气圈、水圈、陆圈(岩石圈、地幔、地核)和生物圈(包括人类)组成的有机整体。地球系统科学就是研究地球各组成部分之间相互联系、相互作用、变化的规律、变化机理,为全球环境变化预测建立科学基础,为地球系统的科学管理提供依据。

自然界中的很多现象都是由不同的圈层共同作用而成的,比如喀斯特地貌的形成就是大气圈、水圈、岩石圈相互作用的结果。

地球的来龙去脉

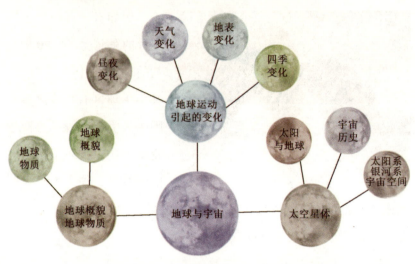

▲地球系统科学研究分支示意图

▲全球气候系统各子系统相互作用示意图

以研究全球气候变化的全球气候系统为例，它由多个子系统组成，这些子系统包括了直接和间接影响整个地球气候形成、分布和变化的大气、海洋、陆面、冰雪及生物圈等。子系统之间存在着物理、化学和生物的相互作用，还具有不同的时间和空间尺度。在气候系统各圈层的相互作用中，最重要的是海－气圈层作用、陆－气圈层作用和陆－海圈层作用。

5.3 地球的宿命

我们一直在用科学的工具追寻地球的过去，同时也在运用地球系统科学探索地球的未来。

太阳的结局决定地球的命运。太阳是一颗恒星，但是恒星并不永恒。恒星内部的引力力图使恒星坍缩，而来自恒星内部的炽热气体的压力则产生反作用力支撑恒星，恒星自有生以来就处于引力与压力的抗衡之中。恒星一生中最稳定的阶段是称为"主序星"的时期，这时引力与压力达到平衡。我们的太阳目前正处于这个阶段，太阳将这样持续50亿年。

50亿年后，太阳将向外膨胀吞噬水星，甚至金星。在整个已烤焦的地球的天空上，这个成为红巨星的太阳的张角将达到60°。最后，所有类太阳恒星都会失去它们的整个外部气体包层。这一抛射现象让恒星只留下了由碳组成的、赤裸裸的核心，并压缩到只有地球大小，这种恒星称为白矮星。它又暗、又小，核能源已经基本耗尽，整个星体开始慢慢冷却、晶化，直至最后"死亡"。地球可能在50

地球的来龙去脉

▲太阳的生命历程

亿年后，被太阳演变成的红巨星吞噬。

我们生活在地球上，宇宙空间的不可抗力我们无从抵抗，50亿年后距离我们还太遥远，但是作为地球的"家族生物"，活在当下为生存而奋斗是当务之急，地球的宿命紧紧地握在我们手中……我们人类有责任和义务保护自己的家园。

因此，在1970年美国环保人士盖洛德·尼尔森和丹尼斯·海斯发起一项世界性的环境保护，即世界地球日（World Earth Day，4月22日），旨在唤起人类爱护地球、保护家园的意识，促进资源开发与环境保护的协调发展，进而改善地球的整体环境。中国从20世纪90年代起，每年都会在4月22日举办世界地球日活动。除了世界地球日，在生活中的每一天，我们都要时刻警醒自己关爱地球，共同开创美好灿烂的未来。

▲世界地球日标志

5 人与地球的未来 ·95·

坚持可持续发展之路

当前，威胁人类生存的十大环境问题是：全球气候变暖、臭氧层破坏、生物多样性减少、酸雨蔓延、森林锐减、土地荒漠化、大气污染、水污染、海洋污染、危险性废物越境转移。

"绿水青山就是金山银山"是习近平总书记2005年8月在浙江湖州安吉考察时提出的科学论断，当时习总书记任职浙江省委书记。

2017年10月18日，习近平总书记在十九大报告中再次指出，坚持人与自然和谐共生，必须树立和践行绿水青山就是金山银山的理念，坚持节约资源和保护环境的基本国策，像对待生命一样对待生态环境，统筹山水林田湖草系统治理，实行最严格的生态环境保

▲绿水青山就是金山银山

护制度，形成绿色发展方式和生活方式，坚定走生产发展、生活富裕、生态良好的文明发展道路，建设美丽中国，为人民创造良好生产生活环境，为全球生态安全做出贡献。

2018年9月22日，国家林业和草原局、北京大学共同主办绿水青山就是金山银山有效实现途径研讨会，研究总结典型经验，探索更多有效实现途径，指导各地深入认识和积极践行绿水青山就是金山银山的理念，推动生态文明和美丽中国建设。

◎ 为地球退烧——减少碳排放

碳排放使气温升高、全球变暖，全球变暖使降水量重新分配、冰川消融、海平面上升。如果气温升高2℃，格陵兰冰盖完全融化，海平面上升7米，三分之一物种灭绝……如果气温升高3℃，气候彻底失控，我们将无力回天。

▲海平面上升，海上群岛可能消失　　▲地球气温升高，动物可能会灭绝

由于气温逐年上升，南极冰架消融已成定势。南极冰盖融化后海平面上升50米时，我国沿海大部分陆地会淹没在水中。随着海平面上升，地球美景马尔代夫群岛将消失，很多动物也可能会灭绝。

5 人与地球的未来

◎ 与地球和好——防灾减灾

救灾和治灾是灾害已经发生后人类无奈的措施，防灾和减灾则可以防范于未然。自2009年起，我国的全国防灾减灾日定为每年的5月12日，一方面顺应社会各界对中国防灾减灾关注的诉求，另一方面提醒国民前事不忘，后事之师，更加重视防灾减灾，努力减少灾害损失。全国防灾减灾的图标以彩虹、伞、人为基本构

▲全国防灾减灾图标

图元素。其中，雨后天晴的彩虹蕴意着美好、未来和希望；伞是人们防雨的最常用工具，其弧形形象代表着保护、呵护之意；两个人代表着一男一女、一老一少……大家携手，共同防灾减灾。

◎ 为地球降压——珍惜资源

矿产资源是不可再生的，我们要加倍珍惜，注意节约能源生活中我们随处可见、随时都会用到的小物件有可能需要消耗大量的资源才能做成。全世界有约15亿人口淡水不足，其中3亿人极

▼地震后救援

度缺水，但是我们许多人却在浪费水资源。其实，保护环境并不是遥不可及的事业，我们每一个人都可以从身边的一点一滴做起，从小普及节水知识，养成节水习惯，标志节能环保，共同保护我们的美丽家园。

▲国家节水标志

◎ 为地球美容——减少污染

由于人们一度对工业高度发达的负面影响不够重视，导致了严重的环境污染。如何减少污染，值得我们每个人去思考。首先，在生产燃烧原材料方面，我们要使用清洁的原材料，以减少污染；其次，在污染物的排放方面，在整个生产过程中要

▲国家节能认证标志

▶ 节约食品等于节约水

1斤牛肉消耗水
=1个家庭1个月用水量

1千克鸡肉消耗水=3900升

1个100克苹果消耗水=70升

1个鸡蛋消耗水=68升

1瓶250毫升可乐消耗水＞500毫升

5 人与地球的未来

积极创新工艺，发展新技术，走清洁生产的路线；再者，在立法保护方面，要做到有法可依，有法必依，执法必严，违法必究；最后，在宣传方面，要多开设公众环境保护课堂，增强人们的环境保护意识。减少污染，我们可以从日常的小事做起，例如垃圾分类处理、不燃放烟花爆竹、不焚烧秸秆、绿色出行等。

▲垃圾分类处理标志

主要参考文献

黄定华. 普通地质学 [M]. 北京：高等教育出版社, 2004.

曾佐勋, 樊光明. 构造地质学 [M]. 武汉：中国地质大学出版社, 2008.

李昌年, 李净红. 矿物岩石学 [M]. 武汉：中国地质大学出版社, 2014.

高存荣. 地下水知识漫谈 [M]. 北京：地质出版社, 2016.

姚建明. 地球演变故事 [M]. 北京：清华大学出版社, 2016.

刘兴诗. 大话地球奥秘 [M]. 北京：人民邮电出版社, 2013.

宋正海. 大陆漂移理论的渊源和发展 [J]. 自然科学史研究, 1982, 1(2):160-166.

路甬祥. 魏格纳等给我们的启示——纪念大陆漂移学说发表一百周年 [J]. 科学中国人, 2012(17):14-21.

吴妍. 2012年美国动画大片对中国动画电影的启示——以《冰川时代4：大陆漂移》《里约大冒险》为例 [J]. 现代语文(学术综合版), 2013(4):62-63.

阿尔弗雷德·魏格纳. 海陆的起源——关于大陆漂移与海洋形成的革命性阐释 [M]. 涂春晓, 译. 南京：江苏人民出版社, 2011.

包庆德, 刘源. 提取地球资源的利息而非本金——读艾伦·杜宁《多少算够：消费社会与地球的未来》[J]. 中国地质大学学报(社会科学版), 2012, 12(6):49-54.

主要参考文献

艾伦·韦斯曼. 倒计时：对地球未来的终极期待[M]. 胡泳, 译. 重庆：重庆出版社，2015.

本书部分图片、信息来源于百度百科、科学网、NASA等科技网站，相关图片无法详细注明引用来源，在此表示歉意。若有相关图片设计版权使用需要支付相关稿酬，请联系我方。特此声明。